Sitzungsberichte der Sächsischen Akademie der Wissenschaften zu Leipzig · Mathematisch-naturwissenschaftliche Klasse · Band 133 · Heft 5

Gabriele I. Stangl

Wie nachhaltig ist unsere Ernährung?

Sächsische Akademie der Wissenschaften zu Leipzig · In Kommission bei S. Hirzel Stuttgart

Diese Publikation wird mitfinanziert durch Steuermittel auf der Grundlage
des vom Sächsischen Landtag beschlossenen Haushalts.

Autorin:
Prof. Dr. oec. troph. habil. Gabriele I. Stangl
Martin-Luther-Universität Halle-Wittenberg
Institut für Agrar- & Ernährungswissenschaften
Arbeitsgruppe Humanernährung
Naturwissenschaftliche Fakultät III
Von-Danckelmann-Platz 2
06120 Halle / Saale

Mit 10 Abbildungen und einer Tabelle

Vortrag gehalten in der Sächsischen Akademie
der Wissenschaften zu Leipzig am 11. November 2022
Manuskript eingereicht am 16. Mai 2023
Druckfertig erklärt am 05. Juni 2023

Bibliografische Information der Deutschen Nationalbibliothek

Die Deutsche Nationalbibliothek verzeichnet diese Publikation in der Deutschen
Nationalbibliographie; detaillierte bibliographische Daten sind im Internet
über <http://dnb.d-nb.de> abrufbar.

ISBN (Print): 978-3-7776-3491-3
ISBN (E-Book): 978-3-7776-3492-0

Vertrieb: S. Hirzel Verlag Stuttgart.
Satz: Claudia Hollstein, Sächsische Akademie der Wissenschaften zu Leipzig
Druck: druckhaus köthen GmbH
Printed in Germany

Inhalt

1   Das Schicksal der Osterinsel 5

2   Umweltdimensionen der globalen Nahrungsmittelerzeugung 9
2.1 Landnutzung und Flächenbedarf 9
2.2 Treibhausgas-Emissionen 11

3   Ziele und Strategien einer nachhaltigen Ernährung 14

4   Wie nachhaltig ist unsere Ernährung? 19
4.1 Gesundheit 19
4.2 Klima 23
4.3 Lebensmittelverschwendung 26

5   Lösungen und Ausblick 26

Literatur 28

1 Das Schicksal der Osterinsel

Die Osterinsel oder *Rapa Nui* symbolisiert mit ihrer leeren Landschaft, in der gigantische Steinstatuen und andere kulturelle Errungenschaften stehen, eine isolierte Zivilisation, die einst blühte, dann aber eine ökologische Katastrophe erlitt, was mit einem gewaltsamen Zusammenbruch der dortigen Gesellschaft einherging. Das Schicksal der Osterinsel wird oftmals als Metapher für unsere heutige Welt genutzt.

Die Osterinsel liegt extrem abgelegen. Zum chilenischen Festland beträgt die Distanz 3.700 km. Die nächstgelegenen polynesischen Inseln sind 2.100 km entfernt. Die Insel wurde am 05. April 1722 vom niederländischen Seefahrer Jacob Roggeveen an einem Ostersonntag entdeckt. Er und spätere europäische Besucher stellten fest, dass die Insel komplett entwaldet war. Die meisten auf der Insel vorhandenen Statuen, die *Moai* genannt werden, standen nicht mehr aufrecht, sondern waren gezielt umgestürzt worden. Der Physiologe Jared Diamond zitiert aus dem Tagebuch von Roggeveen:

Die steinernen Bildsäulen sorgten zuerst dafür, dass wir starr vor Erstaunen waren, denn wir konnten nicht verstehen, wie es möglich war, dass diese Menschen, die weder über dicke Holzbalken zur Herstellung irgendwelcher Maschinen noch über kräftige Seile verfügten, dennoch solche Bildsäulen aufrichten konnten, welche volle neun Meter hoch und in ihren Abmessungen sehr dick waren (Diamond 2011).

Auch fiel auf, dass die wenigen Inselbewohner, die Roggeveen vorfand, eigentlich nicht in der Lage sein konnten, die vielen Statuen zu bearbeiten, zu transportieren und zu errichten. Vielmehr ließen Zahl und Größe der Statuen darauf schließen, dass die ursprüngliche Bevölkerung deutlich größer und komplexer gewesen sein musste. Um die Bevölkerungszahl zur Blütezeit abschätzen zu können, wurden Hausfundamente, Plattformen und Statuen gezählt (Diamond 2011). Die Schätzungen reichen von 6000 bis 30.000 Menschen. Es wurden bislang mehr als 900 Statuen auf der Osterinsel inventarisiert. Im Steinbruch der Insel, Rano Raraku, einem erloschenen Vulkankegel, fand man außerdem knapp vierhundert unvollendete Steinfiguren, die zum Teil noch mit dem Muttergestein verbunden waren (Abb. 1). Die Statuen standen häufig auf steinernen Plattformen, den *Ahu*. Besonders berühmt ist die im östlichen Teil der Insel als *Ahu Tongariki* bezeichnete Plattform mit 15 riesigen Statuen mit einem Gewicht bis zu 90 Tonnen (Abb. 2). Auf der Rückseite der *Ahu* befanden sich oftmals ummauerte Vertiefungen, die als Krematorien oder Ossarien genutzt wurden. Die Rätsel um die Stein-

figuren, deren Herstellung, Transport und Bedeutung gaben Anlass für zahllose
Spekulationen.

Abb. 1 Unvollendete Steinfigur auf der Osterinsel, die noch mit dem
Muttergestein verbunden ist (Quelle: [tupesa] über Pixabay)

Abb. 2 *Ahu Tongariki* mit einer Länge von 145 Metern und 15 steinernen *Moai* (Quelle: [LuisValiente] über Pixabay)

Es gibt Hinweise, dass die Osterinsel in elf oder zwölf von Stammesverbänden
festgelegten Territorien unterteilt war. Die zeremoniellen Plattformen und Figuren dienten wahrscheinlich als Stätten der Ahnenverehrung und des Totenkults.
Die *Moai* wurden so aufgestellt, dass sie ins Landesinnere, nicht auf das Meer
schauten. Sie stellten vermutlich besonders prominente Oberhäupter und hochran-

gige Ahnen dar; dennoch ist bis heute nicht geklärt, welchen Zweck die Steinfiguren mit ihrem auf das Inselinnere gerichteten Blick tatsächlich hatten. Wie diese Statuen transportiert und aufgestellt wurden, ist ebenfalls Gegenstand zahlreicher Spekulationen. Wahrscheinlich wurden die Figuren mit Hilfe hölzerner Schlitten bewegt oder auf sogenannten Kanuleitern, die aus zwei parallel liegenden hölzernen Schienen bestanden und mit festen Querhölzern verbunden waren. Für die Aufstellung waren Seile erforderlich, die vermutlich aus faserigen Baumrinden angefertigt wurden. Auf der Osterinsel sind auch heute noch Straßen erkennbar, die dem Abtransport der *Moai* aus den Steinbrüchen dienten. Die Straßen wurden so angelegt, dass möglichst wenig bergauf- und bergab-Transporte erforderlich waren. Es wird geschätzt, dass die Bevölkerung durch die Herstellung, den Transport und die Aufstellung der Statuen und Plattformen etwa ein Viertel mehr Nahrung benötigte (Diamond 2011).

Wann die Insel erstmals besiedelt wurde, ist nicht abschließend geklärt. Basierend auf Daten von mehr als 120 Radiokohlenstoffanalysen wurde die Annahme verworfen, dass die Besiedelung bereits vor 800 n. Chr. stattfand (Martinsson-Wallin & Crockford 2001). Bei Ausgrabungen in Anakena, einer sandigen Bucht auf der Nordseite der Insel, stieß man auf Holzkohle, Überreste von Tieren, einschließlich der von den Polynesiern eingeführten Pazifischen Ratte (*Rattus exulans*) und Wurzelbestandteile der riesigen ausgestorbenen Osterinselpalme (*Paschalococos disperta*), die einen Stammdurchmesser von mehr als zwei Meter hatte. Unterhalb dieser Schicht war das Erdreich völlig frei von kulturellem Material. Die ersten Siedler ernährten sich vornehmlich von See- und Landvögeln sowie Delphinen, weniger von Rifffischen, da diese aufgrund fehlender Korallenriffe nur in geringer Zahl vorkamen. Anhand von Altersbestimmungen der Delphinknochen in den Sedimenten mit Hilfe der Beschleuniger-Massenspektrometrie wurde die Besiedlung der Insel auf das Jahr um 900 n. Chr. datiert (Steadman et al. 1994; Martinsoon-Wallin & Crockford 2001). Neuere Daten lassen sogar eine noch spätere Besiedelung der Insel um 1200 n. Chr. vermuten (Hunt & Lipo 2006).

Die Besiedelung der Insel hatte sofortige und sichtbare Auswirkungen auf die Flora und Fauna der Insel. Als die Europäer die Insel um 1700 zum ersten Mal sahen, war sie unter den tropischen Pazifikinseln fast einzigartig, weil dort keine Bäume vorkamen, die höher als drei Meter waren. Analysen von Pollen aus Sumpfkernen und von mehr als 78.000 verbrannten Holzstücken verdeutlichten jedoch, dass es auf der Insel mindestens 20 verschiedene Baum- und Gehölzarten gegeben haben musste, die im Laufe der menschlichen Besiedlung jedoch verschwanden (Diamond 2007). Die letzten Osterinselpalmen gab es um 1450 n. Chr.; nach 1650 n. Chr. waren auch die anderen großen Bäume verschwunden. Eingeschleppte Ratten schienen darüber hinaus das Nachkeimen eines Waldes zu erschweren (Hunt & Lipo 2006). Danach mussten die Inselbewohner Gräser und Seggen anstelle von Holz verbrennen. Das Ende des Waldes brachte für die Inselbewohner weitere große Verluste mit sich, da die Palmen und andere Baumarten Nahrung wie essbare Früchte, Nüsse oder Saft sowie Material für Körbe, Segel, Strohdecken, Fasern für Seile und Rindenstoffe sowie Holz für Kanus, Hebel und Schnitzereien lieferten (Mieth & Bork 2006, Orliac & Orliac 2006). Durch das fehlende Holz konnten auch keine tauglichen Kanus mehr gebaut werden, um Delphine und andere Meerestiere zu jagen. Die Abholzung der Wälder zwang die Bewohner der Osterinsel, ihre Anbaupraktiken zu verändern. Die ersten Bauern auf der Osterinsel bauten ihre Nutzpflanzen zwischen den Palmen an, die Dünger, Schatten und Schutz vor Verwitterung für den Boden boten. Während dieser Phase blieb die Erosion gering und der Anbau nachhaltig (Mieth & Bork 2006). Um 1280 n. Chr. begannen die Inselbewohner damit, die Palmen zu fällen, die Stämme zur Holzgewinnung zu nutzen und die Reste zu verbrennen (Mieth & Bork 2006). Durch den Verlust des Palmendachs war der Boden der Erwärmung, dem Austrocknen, dem Wind und dem Regen ausgesetzt. Die daraufhin einsetzende flächenhafte Erosion schritt mit einer Geschwindigkeit von drei Metern pro Jahr voran (Mieth & Bork 2006). Angesichts der geringeren Ernteerträge infolge der Abholzung reagierten die Inselbewohner um 1400 n. Chr., indem sie die bis dahin wenig genutzten Hochebenen bearbeiteten und Steinmulch auf die Flächen aufbrachten; etwa die Hälfte der Insel ist mit mehr als einer Milliarde Steinen mit einem Durchschnittsgewicht von zwei Kilogramm bedeckt (Wozniak 1999; Bork et al. 2004; Mieth & Bork 2006; Stevenson et al. 2006). Das Mulchen mit Steinen verringert die Verdunstung von Bodenwasser, schützt vor Wind- und Regenerosion und reduziert die täglichen Temperaturschwankungen. Pulverisierte Steine können außerdem die Bodenfruchtbarkeit erhöhen, indem sie langsam Nährstoffe freisetzen. Zu dem ohnehin geringen Phosphorgehalt der meisten Böden auf der Osterinsel fehlte aufgrund der Ausrottung der Seevogelkolonien auch der Phosphoreintrag durch Guano. Nachdem es keinen Wald mehr gab, kamen auch der Transport und die Errichtung der Statuen zum Erliegen, da Stämme und Faserteile für den Transport fehlten. Ebenso konnten keine seetüchtigen Boote mehr gebaut werden, um Delphine und Fischarten aus dem offenen Meer zu jagen, welche eine wichtige Nahrungsgrundlage darstellten. Durch die knappen Ressourcen kam es im weiteren Verlauf zu einer Hungersnot, dem Zusammenbruch der Bevölkerung, kriegerischen Auseinandersetzungen sowie der Zerstörung von Statuen durch rivalisierende Sippen bis hin zum Kannibalismus.

Diamond stellt die Frage, weshalb es die Bewohner der Osterinsel soweit kommen ließen, und sich selbst ihrer Lebensgrundlage beraubten. Er vermutet, dass die Entwaldung der Osterinsel als Folge der Anfälligkeit der Umwelt verstanden werden muss (Diamond 2007). Überall im Pazifik fällten und verbrannten Inselbewohner Bäume. Auf der Osterinsel herrschten jedoch geographische und physikalische Bedingungen, die ein Nachwachsen des Waldes, also eine nachhaltige Bewirtschaftung der Ressourcen besonders schwierig machten. Das Klima der Osterinsel ist relativ kalt und trocken. Die Insel selbst ist klein und liegt extrem abgelegen, mit vernachlässigbarem Nährstoffeintrag durch atmosphärischen Staub und vulkanische Asche, und sie ist gekennzeichnet durch relativ alte ausgelaugte Böden. Die Osterinselbewohner hatten somit das Pech, in einer der empfindlichsten Umgebungen des Pazifiks zu leben und durch ihr Handeln besonders zerstörerisch auf ihre Umwelt eingewirkt zu haben.

2 Umweltdimensionen der globalen Nahrungsmittelerzeugung

Angesichts des hohen Risikos einer unzureichenden Lebensmittelversorgung und Ernährungssicherheit sowie der Gefahren für die globale Gesundheit, haben die Vereinten Nationen die Jahre 2016 bis 2025 zum Jahrzehnt der Ernährung erklärt. Dieser Zeitraum soll zum Anlass genommen werden, Visionen für eine gesündere und nachhaltigere Ernährung zu entwickeln und umzusetzen. Dabei gilt es auch, die Auswirkungen der globalen Nahrungsmittelerzeugung auf die Umwelt zu reduzieren.

2.1 Landnutzung und Flächenbedarf

Noch vor 1.000 Jahren wurden weniger als vier Prozent der eisfreien und fruchtbaren Landfläche der Erde für die Landwirtschaft genutzt, heute sind es nahezu 50 Prozent (Ritchie & Roser 2019; Abb. 3 und 4). Nach einer Aufschlüsselung der weltweiten Landnutzung stehen heute etwa 51 Millionen Quadratkilometer für die Landwirtschaft zur Verfügung, davon 40 Millionen für die Viehzucht und die restlichen 11 Millionen für den Ackerbau (Abb. 4; Ritchie & Roser 2019). Die Nutzung agrarischer Flächen für Viehzucht oder den Anbau von Nutzpflanzen ist sehr ungleich verteilt. Nimmt man die Weideflächen und die Anbauflächen für Futtermittel zusammen, so entfallen 77 Prozent der weltweiten landwirtschaftlichen Fläche auf die Haltung von Nutztieren. Während die Viehzucht den größten Teil der weltweiten landwirtschaftlichen Nutzfläche beansprucht, liefert sie jedoch nur 18 Prozent der global zur Verfügung stehenden Kalorien und 37 Prozent des gesamten Proteins (Abb. 4; Ritchie & Roser 2019). Die Expansion der Landwirtschaft stellt eine der größten Auswirkungen der Menschheit auf die Umwelt dar. Sie hat Lebensräume verändert und bedroht die biologische Vielfalt. Von den 28.000 Arten, die auf der Roten Liste der *International Union for Conservation of Nature* (IUCN) als vom Aussterben bedroht eingestuft werden, sind 24.000

durch die Landwirtschaft gefährdet (Ritchie & Roser 2019). Positiv hervorzuheben ist, dass die Ernteerträge in den letzten Jahrzehnten erheblich gesteigert werden konnten. Heute werden nur 30 Prozent der landwirtschaftlichen Nutzfläche gebraucht, um die gleiche Menge an Nutzpflanzen zu produzieren wie im Jahr 1961. Durch Innovationen im Bereich der Pflanzengenetik und der Präzisionslandwirtschaft (*Precision Farming*), aber auch durch Änderungen des Ernährungsstils könnten weitere Einsparungen von Flächen erreicht werden.

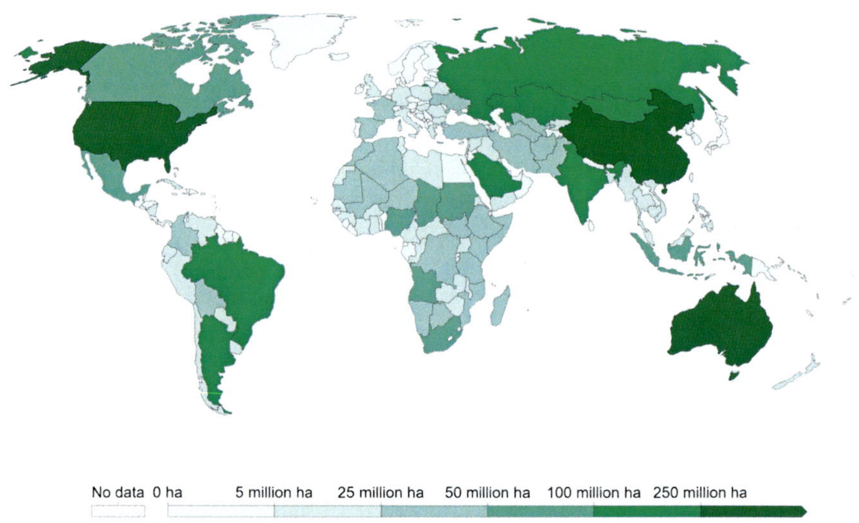

Abb. 3 Globale landwirtschaftliche Flächennutzung (Ackerflächen und Weideland) im Jahr 2019 (Quelle: Ritchie & Roser 2019)

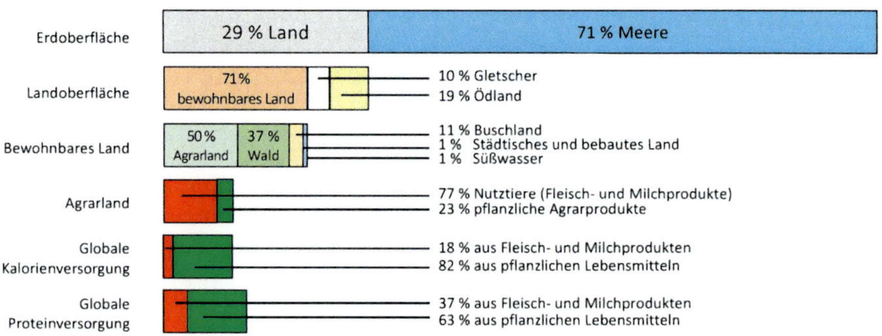

Abb. 4 Globale Landnutzung für die Lebensmittelproduktion (Quelle: Ritchie & Roser 2019)

2.2 Treibhausgas-Emissionen

Neben der Flächennutzung und dem Flächenverbrauch durch die agrarische Primärproduktion trägt die globale Landwirtschaft auch zu einem erheblichen Teil zur Emission von Treibhausgasen bei. Den Beitrag der Treibhausgas-Emissionen des gesamten Nahrungsmittelsystems an den jeweiligen nationalen Treibhausgas-Emissionen zu ermitteln, ist relativ schwierig und komplex, zumal die Emissionen aus sehr verschiedenen Quellen entlang der Wertschöpfungsketten stammen können. Der Sektor des *Intergovernmental Panel on Climate Change* (IPCC), der im nationalen Treibhausgasintenvar (*National Greenhouse Gas Intentory*; NGHGI) verwendet wird, deckt lediglich die Nicht-CO_2-Emissionen aus den landwirtschaftlichen Betrieben ab, nicht jedoch die CO_2-Emissionen aus entwässerten Böden auf landwirtschaftlichen Flächen oder aus der Energienutzung in den Betrieben. Für den Zeitraum 1990 bis 2018 wurden daher neue Schätzungen für die Treibhausgas-Emissionen aus dem Lebensmittelsystem auf Länderebene entwickelt, welche Daten aus der pflanzlichen und tierischen Erzeugung, der Energienutzung in landwirtschaftlichen Betrieben, der Flächennutzung und Flächennutzungsänderung, dem inländischen Lebensmitteltransport und der Entsorgung von Lebensmittelabfällen umfassen (Abb. 5; Tubiello et al. 2021). Basierend auf diesen Daten wurde für das Jahr 2018 geschätzt, dass die globale Treibhausgas-Emission aus dem Lebensmittelsystem etwa 16 Gigatonnen CO_2-Äquivalente betrug, was einem Drittel der globalen anthropogenen Gesamtemission entspricht. Drei Viertel dieser Emissionen werden entweder direkt durch die agrarische Produktion oder bei vor- und nachgelagerten Tätigkeiten wie Herstellung, Transport, Verarbeitung und Abfallentsorgung erzeugt. Der Rest entsteht durch Landnutzungsänderungen, also bei der Umwandlung von natürlichen Ökosystemen in landwirtschaftliche Flächen. Zwar gingen im Zeitraum von 1990 bis 2018 die Emissionen aus Landnutzungsänderungen zurück, jedoch erhöhten sie sich aus Prozessen der Vor- und Nachproduktion (Tubiello et al. 2021). Die Erzeugung pflanzlicher und tierischer Lebensmittel in landwirtschaftlichen Betrieben produziert mehr als 50 Prozent der Methan- (CH_4) und 75 Prozent der Lachgasemissionen (N_2O) der globalen anthropogenen Emissionen (FAO 2020). Die enterische Fermentation im Pansen von Wiederkäuern, die Güllewirtschaft und der Reisanbau sind besonders prominente Methanquellen. Emissionen aus der Düngemittelherstellung, dem Lebensmitteltransport, der Verarbeitung, dem Einzelhandel und der Abfallentsorgung verstärken das Ausmaß der klimarelevanten Aktivitäten im Bereich der Lebensmittelerzeugung. Die weltweiten Pro-Kopf-Emissionen, welche durch das Nahrungsmittelsystem bedingt sind, gingen zwar im Zeitraum von 1990 bis 2018 von 2,9 auf 2,2 Tonnen CO_2-Äquivalente zurück, dennoch waren sie im Jahr 2018 in den Industrieländern etwa doppelt so hoch

wie in den Entwicklungsländern (Ritchie & Roser 2019). Bezüglich der Situation
in Deutschland wurden allein im Jahr 2021 61,1 Millionen Tonnen CO_2-Äquiva-
lente durch die Landwirtschaft produziert, was etwa acht Prozent der gesamten
Treibhausgas-Emission Deutschlands entspricht (Bundeszentrum für Ernährung
2022). Werden die Emissionen aus der Feuerung, beispielsweise für den Betrieb
landwirtschaftlicher Maschinen oder dem Heizen von Ställen hinzugezählt, dann
summiert sich der Anteil sogar auf 14 Prozent (Bundeszentrum für Ernährung
2022).

Am Beispiel von China wird deutlich, wie sich mit der Urbanisierung und
dem rasanten Wirtschaftswachstum die Produktions- und Verbrauchsmuster von
Lebensmitteln in den letzten drei Jahrzehnten drastisch veränderten. Im Zeitraum
von 1987 bis 2017 stiegen die Treibhausgas-Emissionen aus der Lebensmittelproduktion Chinas um 51 Prozent und die Emissionen aus dem Lebensmittelkonsum
um 64 Prozent (Zhang et al. 2022). In diesem Zeitraum sind die Treibhausgas-
Emissionen durch den chinesischen Lebensmittelkonsum schneller gestiegen als
die der Produktion. Aufgrund der Modernisierung der Landwirtschaft gingen die
Treibhausgas-Emissionen durch Zugtiere zwar zurück, aber der Anstieg des Dün-
gemittel- und Energieverbrauchs machte diese Einsparung wieder zunichte. Auch
eine Ernährungsweise mit deutlich höheren Anteilen an Fleisch und prozessierten Lebensmitteln hat zu diesen Emissionsanstiegen beigetragen. Der steigende
Fleischkonsum Chinas verstärkte nicht nur im Inland den Druck, Treibhausgas-
Emissionen zu verringern, sondern auch im Ausland, da die chinesischen Haus-
halte eine größere Vielfalt verlangen, die durch Importe gedeckt werden muss.
Tatsächlich stiegen die Treibhausgas-Emissionen durch importiertes Fleisch zwischen 2007 und 2017 um mehr als das Elffache.

NGHGI	Aktivität	Treibhausgas-Emissionen			FAO
		CH_4	N_2O	CO_2	
Landnutzung/Landwirtschaft	Umwandlung v. Wäldern in andere Landnutzungen + Verbrennung v. Biomasse	x	x	x	Landnutzungs-Änderung
	Torfbrände	x		x	
	Entwässerte Böden	x		x	
	Verbrennung von Ernterückständen		x		Landwirtschaftsbetrieb
	Enterische Fermentation	xx			
	Güllewirtschaft	xx	xx		
	auf Boden aufgebrachte Gülle		x		
	Hinterlassener Weidedung		x		
	Reisanbau	xx			
	Synthetische Dünger		xx		
Energie, industrielle Verfahren, Produktanwendung	Innerbetrieblicher Energieverbrauch	x	x	x	
	Lebensmitteltransport	x	x	x	Vor- und nachgelagerte Produktionsprozesse
	Prozessierung von Lebensmitteln	x	x	x	
	Verpackung	x	x	x	
	Kühlung	x	x	x	
	Einzelhandel	x	x	x	
	Thermische Behandlung	x	x	x	
	Düngemittelherstellung	x	x	x	
Abfälle	Feste Lebensmittelabfälle	x			
	Müllverbrennung			x	
	Abwasser (Industrie)	x	x		
	Abwasser (Haushalt)	x	x		

(FAO-Gruppierung rechts: *Landnutzungs-Änderung* und *Landwirtschaftsbetrieb* bilden die *Landwirtschaftlich genutzte Fläche*; zusammen mit den *Vor- und nachgelagerten Produktionsprozessen* ergeben sie das *Ernährungssystem*.)

Abb. 5 Verschiedene Quellen für die Emission von Treibhausgasen aus dem globalen Nahrungsmittelsystem (in Anlehnung an Tubiello et al. (2021)). NGHGI: *National Greenhouse Gas Inventory*; FAO: *Food and Agriculture Organization of the United Nations* (FAOSTAT)

3 Ziele und Strategien einer nachhaltigen Ernährung

In der ursprünglichen Definition der Vereinten Nationen wird ein Handeln dann als nachhaltig bezeichnet, wenn es den Bedürfnissen der heutigen Generation entspricht, ohne die Möglichkeiten künftiger Generationen zu beeinträchtigen (United Nations 1987). 2015 definierte die Vollversammlung der Vereinten Nationen 17 Nachhaltigkeitsziele (Abb. 6), die bis zum Jahr 2030 umgesetzt werden sollen, um ein friedliches Zusammenleben auf der Erde innerhalb der ökologischen Belastungsgrenzen zu sichern. Viele der genannten Ziele können nur realisiert werden, wenn auch das globale Ernährungssystem nachhaltiger wird. Alle Staaten haben sich verpflichtet, die Nachhaltigkeitsziele umzusetzen, auch Deutschland.

Abb. 6 Ziele für eine nachhaltige Entwicklung (*United Nations Development Programme*) (Quelle: https://unric.org/de/17ziele/)

Im November 2010 hat die *Food and Agriculture Organization of the United Nations* (FAO) ein Symposium zur Biodiversität und nachhaltigen Ernährung in Rom ausgerichtet und den Begriff der nachhaltigen Ernährung definiert. Die Definition lautet:

Eine nachhaltige Ernährung ist eine Ernährung mit geringen Umweltauswirkungen, die zur Lebensmittel- und Ernährungssicherheit und zu einem gesunden Leben für heutige und künftige Generationen beiträgt. Sie schützt und respektiert die biologische Vielfalt sowie Ökosysteme, ist kulturell akzeptabel, zugänglich, wirtschaftlich fair und erschwinglich, ernährungsphysiologisch angemessen, si-

cher und gesund, und optimiert die natürlichen und menschlichen Ressourcen (FAO 2010).

Der Begriff der nachhaltigen Ernährung umfasst somit nicht nur Aspekte der Umwelt, sondern auch die Gesundheit und kulturelle Akzeptanz von Ernährung. Die nachhaltige Ernährung ist auch im europäischen *Green Deal* verankert, durch welchen Europa zu einer modernen, ressourceneffizienten und wettbewerbsfähigen Wirtschaft kommen will, die bis 2050 keine Netto-Treibhausgase mehr ausstößt, ihr Wachstum von der Ressourcennutzung abkoppelt, und weder Mensch noch Region im Stich lässt. Aufgrund der Bedeutung der Ernährung für die Eindämmung des Klimawandels adressieren die meisten Verpflichtungen, die von den Ländern im Rahmen des UN-Rahmenübereinkommens über Klimaänderungen (*United Nations Framework Convention on Climate Chance*, UNFCCC) stammen, Agrarwirtschaft und Landnutzung als strategische Prioritäten. Im Jahr 2020 wurden vom Wissenschaftlichen Beirat für Agrarpolitik, Ernährung und gesundheitlichen Verbraucherschutz des deutschen Bundesministeriums für Ernährung und Landwirtschaft vier Zieldimensionen einer nachhaltigeren Ernährung definiert, die in einem Positionspapier der *Deutschen Gesellschaft für Ernährung* detailliert erläutert wurden (Renner et al. 2021). Diese Dimensionen umfassen Gesundheit, Umwelt, Soziales und Tierwohl. Im Wesentlichen soll eine nachhaltigere Ernährung so gestaltet werden, dass sie den Menschen möglichst lange gesund erhält, Umwelt und Klima schont, soziale Mindeststandards entlang der Wertschöpfungsketten gewährleistet sowie mehr Tierwohl im Blick hat und damit den ethischen Ansprüchen der Gesellschaft gerecht wird. Zur Realisierung dieser Ziele bedarf es großer Veränderungen im Ernährungssystem, die auf mehreren Ebenen stattfinden müssen. Dazu gehören nicht nur Veränderungen des persönlichen Ernährungsstils, sondern auch Anpassungen der landwirtschaftlichen Produktion und industriellen Lebensmittelverarbeitung, Entwicklung und Einsatz neuer Technologien sowie Schaffung rechtsverbindlicher Rahmenbedingungen.

Die Bedeutung der Transformationen im Bereich der Ernährung erlangte vor allem Aufmerksamkeit durch das akademische Konsortium der *EAT-Lancet Kommission*. Die *EAT-Lancet Kommission* besteht aus 37 führenden Wissenschaftlern unterschiedlichster Disziplinen aus 16 Ländern. Ziel der Kommission ist es, Ziele für eine gesunde Ernährung und eine nachhaltige Lebensmittelproduktion festzulegen, welche die planetaren Grenzen berücksichtigt und auch im Jahr 2050 in der Lage ist, 10 Milliarden Menschen gesund und nachhaltig ernähren zu können. Die Ziele wurden 2019 in einem etwa 45-seitigen Papier mit dem Titel *»Food in the Anthropocene: the EAT-Lancet Commission on healthy diets from sustainable food systems«* zusammengefasst (Willett et al. 2019). Die darin skizzierte Ernährung wird als *Planetary Health Diet* bezeichnet. Das Konzept der planetaren Grenzen geht auf ein Forscherteam des *Stockholm Resilience Centre* zurück (Rockström et al. 2009a, 2009b) und betrachtet neun ökologische Belastungsgrenzen der Erde, bei deren Überschreitung die Stabilität des Ökosystems der Erde und das Fortkommen der Menschheit gefährdet sind. Die neun planetaren Grenzen sollen als Richtwerte gelten für einen sicheren Handlungsspielraum der Menschheit. Sie beinhalten folgende Dimensionen:

- Klimawandel
- Versauerung der Ozeane
- Stratosphärischer Ozonabbau
- Atmosphärische Aerosolbelastung
- Biogeochemische Kreisläufe von Phosphor und Stickstoff
- Süßwasserverbrauch
- Landnutzungsänderung
- Unversehrtheit der Biosphäre bzw. Biodiversitätsverlust
- Einbringung neuartiger Substanzen bzw. Belastung durch Chemikalien

Da die Nahrungserzeugung ein wesentlicher Treiber der globalen Umweltveränderung ist, in dem sie zum Klimawandel, zum Verlust der biologischen Vielfalt, zum Süßwasserverbrauch, zur Störung der globalen Stickstoff- und Phosphorkreisläufe und zum Wandel der Landnutzung beiträgt, wurden von der *EAT-Lancet Kommission* wissenschaftliche Ziele für ein nachhaltiges Lebensmittelsystem festgelegt. Die *EAT-Lancet Kommission* schlägt fünf Strategien für eine globale Ernährungswende vor, die vermutlich nur dann realisiert werden können, wenn Verbraucher und Lebensmittelerzeuger verantwortungsvoll handeln, entsprechende wissenschaftliche Evidenz für die Effizienz von Veränderungen vorliegt und politische Hebel in Bewegung gesetzt werden (The EAT-Lancet Commission 2019).

Fünf Strategien für die globale Ernährungswende:

I. Umstellung auf eine gesunde Ernährung
In den letzten 50 Jahren haben sich die globale Nahrungsmittelproduktion und die Ernährungsgewohnheiten erheblich verändert. Durch die Steigerung der Ernteerträge und eine Verbesserung der Produktionspraktiken hat sich zwar erfreulicherweise der Hunger und die Prävalenz von Unterernährung verringert, jedoch werden diese gesundheitlichen Vorteile häufig wettgemacht durch Übergewicht und Erkrankungen, welche aus einer ungesunden kalorienreichen Ernährung mit stark verarbeiteten Lebensmitteln resultieren. Zwischen 20 und 25 Prozent aller Todesfälle bei Erwachsenen werden mit einer unausgewogenen Ernährung

in Verbindung gebracht (2021 Global Nutrition Report). Im Jahr 2017 waren ernährungsbedingte Risikofaktoren global für 255 Millionen verlorene gesunde Lebensjahre (*Disability Adjusted Life Years,* DALYs) verantwortlich (GBD 2017 Diet Collaborators 2019).

Für eine Transformation hin zu einer gesünderen Ernährung muss global der Konsum pflanzlicher Lebensmittel erhöht und der Verbrauch tierischer Lebensmittel, stark verarbeiteter Lebensmittel, gesättigter Fette, raffinierter Getreide und Zucker gesenkt werden. Dies kann beispielsweise gelingen, indem mehr in Gesundheitsinformationen und eine frühkindliche Erziehung zu gesunder Ernährung investiert wird, preisliche Anreize für gesündere Lebensmittel geschaffen werden und das Angebot an gesünderen Menüs in der Gemeinschaftsverpflegung erhöht wird. Für eine nachhaltige Ernährung braucht es zudem auch eine bessere Koordinierung zwischen den Ministerien für Gesundheit und Umwelt.

II. Neuausrichtung der landwirtschaftlichen Prioriäten

Die Produktion sollte sich auf eine breitere Vielfalt von nährstoffreichen Lebensmitteln aus biodiversitätsfördernden Lebensmittelproduktionssystemen konzentrieren, anstatt auf die Massenproduktion weniger Kulturpflanzen. Finanzielle Anreize für Primärerzeuger, nährstoffreichere Nutzpflanzen anzubauen oder Investitionen in die Agrarforschung, mit dem Ziel, die Nährstoffprofile von Nahrungsmitteln zu verbessern bzw. alternative Nährstoffquellen der menschlichen Ernährung zugänglich zu machen, sind Beispiele dafür, wie dies erreicht werden kann. Allerdings wäre es falsch, die Neuausrichtung der landwirtschaftlichen Prioriäten nur auf die Nutzpflanzenproduktion zu beschränken, da in einigen Regionen die Tierproduktion wesentlich zur Unterstützung des Lebensunterhalts, für Ökosystemdienstleistungen im Grünland und die Armutsbekämpfung beiträgt. Außerdem sind hochwertige Eiweiße aus Fleisch vorteilhaft für die Ernährung vulnerabler Gruppen. Daher muss die Tierproduktion immer im Kontext spezifischer Umweltbedingungen betrachtet werden, um auszuloten, wie stark die Produktion tierischer Lebensmittel zurückgehen kann und wie sich nachhaltige Praktiken zur Steigerung der Effizienz der Futtermittelverwendung oder einer Verringerung des Wettbewerbs zwischen Futtermitteln und Lebensmitteln umsetzen lassen.

III. Nachhaltige Intensivierung der Nahrungsmittelproduktion

Die Umstellung auf eine nachhaltige Nahrungsmittelerzeugung bis 2050 erfordert eine Verringerung der Ertragslücken um mindestens 75 Prozent, die weltweite Umverteilung des Stickstoff- und Phosphor-Düngemitteleinsatzes, einschließlich des Recyclings von Phosphor, radikale Verbesserungen der Effizienz des Düngemittel- und Wasserverbrauchs, die rasche Umsetzung landwirtschaftlicher Prak-

tiken zur Verringerung der Treibhausgas-Emissionen und grundlegende Veränderungen der Produktionsprioritäten. Eine nachhaltige Intensivierung ließe sich
durch landwirtschaftliche Praktiken erreichen, welche besser an die Bodeneigen-
schaften und Wasserverfügbarkeit der jeweiligen Region angepasst sind. Zum
Beispiel könnten in ariden Regionen dürretolerante Pflanzensorten zum Einsatz
kommen. Darüber hinaus müssten Technologien, die für die Präzisionslandwirtschaft benötigt werden, subventioniert werden, um ihre Einführung in Ländern
mit niedrigem und mittlerem Einkommen zu ermöglichen. Zu den komplexeren
Maßnahmen gehören das Recycling von Stickstoff und Phosphor aus Abwasser-
systemen sowie der Landwirtschaft und Industrie, Praktiken zur Vermeidung von
Nährstoffverlusten durch geringe Bodenbearbeitung, die Verwendung stickstoff-
bindender Zwischenfruchtarten, das Management von Ernteresten sowie die effi-
ziente Nutzung von Gülle und Schutzmaßnahmen gegen Bodenerosion.

IV. Engagierte und koordinierte Governance von Land und Ozeanen
Eine nachhaltige Verwaltung von Land soll erreicht werden, indem die Ausdeh-
nung neuer landwirtschaftlicher Flächen auf Kosten natürlicher Ökosysteme ge-
stoppt wird. Zu den direkten Regulierungsmaßnahmen gehören der strikte Schutz
intakter Ökosysteme, die Aussetzung von Konzessionen für den Holzeinschlag
in Schutzgebieten und die Renaturierung und Wiederaufforstung von Torf- und
Waldgebieten. Weitere Maßnahmen umfassen die Festlegung von Flächennut-
zungszonen, Vorschriften zum Verbot der Rodung und Anreize zum Schutz von
Naturgebieten, auch mit dem Ziel, wenigstens 80 Prozent der Arten, die es in der
vorindustriellen Zeit gab, zu erhalten. Die Weltmeere sind zudem so zu bewirt-
schaften, dass die Fischerei die Ökosysteme und Fischbestände nicht negativ be-
einflusst. Auch die globale Aquakulturproduktion sollte aufgrund ihrer Verknüp-
fung mit Land- und Meeresökosystemen nachhaltig ausgebaut werden. Zusätzlich
können auch Ökozertifizierungssysteme helfen, die Nachhaltigkeit im Bereich des
Fischsektors zu verbessern.

V. Halbierung der Lebensmittelverluste
Um im Einklang mit den globalen Zielen für eine nachhaltige Entwicklung zu
bleiben, wird nachdrücklich empfohlen, die Lebensmittelverluste mindestens zu
halbieren. Vorgeschlagene Maßnahmen zur Erreichung dieses Ziels sehen vor, die
Nacherte-Infrastruktur, den Lebensmitteltransport sowie die Verarbeitung und
Verpackung von Lebensmitteln zu verbessern, aber auch die Zusammenarbeit von
Produzenten und Akteuren entlang der Lieferketten zu intensivieren und Verbrau-
cher aufzuklären.

Im Summary Report der *EAT-Lancet Kommission* (EAT-Lancet Commission
Summary Report - EAT (eatforum.org)) werden zudem Szenarien skizziert, wel-

che die Beiträge einer *Planetary Health Diet*, einer Reduzierung von Lebensmittelverlusten und einer Optimierung der Lebensmittelproduktion bzw. Kombinationen daraus für die Einsparung von Treibhausgas-Emissionen und den Erhalt der Biosphäre haben könnten. Durch Änderung der Ernährung könnten die Treibhausgas-Emissionen, welche durch das Lebensmittelsystem bedingt sind, um nahezu die Hälfte reduziert werden; mit der Halbierung von Abfällen und einem optimierten Lebensmittel-Produktionssystem ließen sich weitere Einsparungen von 18 Prozent bzw. 12 Prozent erreichen. Der Biodiversitätsverlust kann allerdings nur durch eine Kombination ehrgeiziger Veränderungen hinsichtlich der Ernährungsweise, der Abfallreduktion und Lebensmittelproduktion erzielt werden.

4 Wie nachhaltig ist unsere Ernährung?

Das derzeitige Ernährungssystem entspricht nicht den Bedürfnissen der Menschen und hat gleichzeitig weitreichende Auswirkungen auf die Umwelt oder untergräbt das menschliche Wohlergehen auf andere bedeutende Weise, wie beispielsweise durch das Nicht-Einhalten sozialer Mindeststandards im lebensmittelproduzierenden Gewerbe.

4.1 Gesundheit

Die aktuelle Ernährung ist mit einer enormen globalen Krankheitslast verbunden. Global steht heute mehr als 820 Millionen Menschen nicht genügend Nahrung zur Verfügung, zwei Milliarden Menschen leiden unter einem Mikronährstoffmangel, knapp zwei Milliarden sind übergewichtig und 650 Millionen fettleibig (WHO 2021). Eine ungesunde Ernährung ist für eine Vielzahl an nicht übertragbaren Krankheiten, wie Herz-Kreislauferkrankungen oder Diabetes verantwortlich. Schätzungen des *Global Nutrition Reports* (2021) zufolge waren im Jahr 2018 schlechte Ernährungsgewohnheiten für mehr als 12 Millionen Todesfälle verantwortlich, was 26 Prozent aller Todesfälle bei Erwachsenen entspricht. Vergleichbare Zahlen stammen aus der *Global Burden of Disease* Studie, die 7,8 bzw. 4,8 Millionen Todesfälle ernährungs- und körpergewichtsbezogenen Risikofaktoren zuschreibt (GBD 2017 Diet Collaborators 2019). Im Vergleich zu 2010 stieg global die Zahl der ernährungsbedingten Todesfälle um 15 Prozent und damit schneller als das Bevölkerungswachstum (10 %). Fast die Hälfte der ernährungsassoziierten Todesfälle entfiel auf koronare Herzkrankheiten (5,9 Millionen, 47 %), jeweils etwa ein Fünftel auf Krebserkrankungen (2,8 Millionen, 22 %) und Schlaganfälle (2,4 Millionen, 19 %) und jeweils etwa 5 Prozent auf Typ-2 Diabetes (690.000) und Atemwegserkrankungen (760.000) (2021 Global Nutrition

Report). Im Jahr 2017 waren außerdem 255 Millionen DALYs auf ernährungsbedingte Risikofaktoren zurückzuführen, darunter 70 Millionen durch zu hohen Natriumkonsum und 82 bzw. 65 Millionen durch einen zu geringen Verzehr von Vollkornprodukten bzw. Obst (GBD 2017 Diet Collaborators 2019). Auffällig ist, dass sich die Ernährung mit steigendem Wohlstand immer stärker in Richtung des Konsums von zucker-und fettreichen Produkten sowie hochverarbeiteten Lebensmitteln bewegt und traditionelle Ernährungsweisen zunehmend unbedeutender werden.

Im Jahr 2017 wurden in der Europäischen Region der WHO 2,1 Millionen kardiovaskuläre Todesfälle mit ernährungsbedingten Risiken in Verbindung gebracht, was 22,4 Prozent aller Todesfälle und 49,2 Prozent der kardiovaskulären Todesfälle entspricht (Meier et al. 2019). Die meisten ernährungsbedingten kardiovaskulären Todesfälle waren in Zentralasien zu verzeichnen, gefolgt von Osteuropa, Zentraleuropa und Westeuropa. Was die einzelnen Ernährungsrisiken betrifft, so war eine Ernährung mit wenig Vollkornprodukten für etwa 429.000 Todesfälle verantwortlich, gefolgt von einer Ernährung mit wenig Nüssen und Samen (341.000 Todesfälle), einer Ernährung mit wenig Obst (262.000 Todesfälle), einer Ernährung mit hohem Natriumgehalt (251.000 Todesfälle) und einer Ernährung mit wenig omega-3-Fettsäuren (227.000 Todesfälle) (Meier et al. 2019). Mit einer ernährungsphysiologisch ausgewogenen Ernährung könnte also etwa jeder fünfte vorzeitige Todesfall durch Erkrankungen des Herz-Kreislaufsystems verhindert werden. Obwohl die altersstandardisierte kardiovaskuläre Mortalität in den letzten 26 Jahren zurückging, konnte zwischen 2010 und 2016 in 32 von 51 Ländern ein Anstieg der absoluten ernährungsbedingten kardiovaskulären Mortalität beobachtet werden. Der Anstieg zwischen 2010 und 2016 lag in Westeuropa bei 25.600 Todesfällen und in Zentralasien bei 4.300 Todesfällen, wobei die meisten Mortalitätsanstiege in Deutschland zu verzeichnen waren (+ 2.700), gefolgt von Belarus (+ 2.600), Kasachstan (+ 1.800), Rumänien (+ 1.700) und der Ukraine (+ 1.600) (Meier et al. 2019). In Deutschland trägt vor allem die Überernährung zu einem erheblichen Anteil an der ernährungsbedingten Krankheitslast bei. Im Jahr 2020 wurde die Prävalenz von Übergewicht (BMI-Bereich: 25–29,9 kg/m²) bei Erwachsenen zwischen dem 18. und 65. Lebensjahr mit 42,4 Prozent bei Männern und 24,8 Prozent bei Frauen angegeben; die Adipositas-Prävalenz (BMI $\geq$ 30 kg/m²) betrug bei Männern und Frauen dieser Altersgruppe 17 Prozent bzw. 12,5 Prozent (Heseker 2020). Die Prävalenz von kindlichem und jugendlichem Übergewicht (einschließlich Adipositas) belief sich in den Jahren 2014 bis 2017 auf 15,4 Prozent und von Adipositas auf 5,9 Prozent (Schienkiewitz et al. 2018). Am häufigsten von Übergewicht betroffen war vor allem die Altersgruppe der 60- bis 65-Jährigen; der Übergewichtsanteil dieser Personengruppe lag bei 72,6 Prozent für Männer und 53,0 Prozent für Frauen (Heseker 2020).

Longitudinaldaten zeigen außerdem, dass die Prävalenz von Adipositas unter den Erwachsenen in den letzten Jahren weiter zunahm.

Im Report der *EAT-Lancet Kommission* wird zugleich auch für verschiedene Regionen weltweit die Abweichung der tatsächlichen Ernährung von den Empfehlungen der *Planetary Health Diet* aufgezeigt. Global betrachtet ist der Konsum an rotem Fleisch (v.a. Schweinefleisch und Rindfleisch), kohlenhydratreichen Gemüsen und Eiern deutlich zu hoch, während der Verzehr an Vollkorngetreide, Hülsenfrüchten, Nüssen, Obst und Gemüse sowie Milchprodukten zu gering ist. Betrachtet man die Regionen Subsahara-Afrika und Südasien, so ist dort vor allem der zu hohe Konsum an kohlenhydratreichen Gemüsen auffällig, während es an fast allen anderen Lebensmittelgruppen fehlt. Nordamerika fällt hingegen durch einen zu hohen Verzehr an rotem Fleisch, Eiern, Geflügel, kohlenhydratreichen Gemüsen und Milchprodukten auf. Die verzehrten Mengen an Vollkorngetreide, Hülsenfrüchten, Nüssen, Obst und Gemüse sowie Fisch bleiben deutlich unter den Empfehlungen.

Tabelle 1 zeigt die Verzehrsempfehlungen für einzelne Lebensmittelgruppen gemäß der *Planetary Health Diet* im Vergleich zu den Empfehlungen der *Deutschen Gesellschaft für Ernährung* (DGE) und den tatsächlich aufgenommenen Mengen in Deutschland. Mit Ausnahme des zugrundegelegten Energiebedarfs und den Empfehlungen zur Aufnahme von Milch und Milchprodukten sind die Empfehlungen der *Planetary Health Diet* und die der DGE vergleichbar. Ähnlich wie in vielen anderen wohlhabenden Ländern, ist in Deutschland vor allem der zu geringe Verzehr an Gemüse, Obst und Vollkornprodukten und der zu hohe Konsum an Fleisch und Wurst problematisch.

Tabelle 1: Lebensmittelbasierte Ernährungsempfehlungen der *Eat-Lancet Kommission* (gemittelte Werte) und der *Deutschen Gesellschaft für Ernährung* im Vergleich zu den tatsächlich verzehrten Mengen einzelner Lebensmittel (LM) in Deutschland

Planetary Health Diet (*Eat-Lancet* Kommission)*		**DGE Empfehlung****		**Nationale Verzehrsstudie II***** tatsächliche Aufnahme	
LM Gruppe	g/Tag[1]	LM Gruppe	g/Tag[2]	LM Gruppe	g/Tag[3]
Gemüse Hülsenfrüchte	300 100	Gemüse, Salat, Hülsenfrüchte	[3] 400	Gemüse, inkl. Hülsenfrüchte (+ Gerichte auf Gemüsebasis)	124 (233)
Obst Nüsse	200 25	Obst, inkl. Nüsse	[3] 250	Obst, inkl. Nüsse	166
Vollkorngetreide (Reis, Weizen, Mais etc.)	232	Brot oder 150–250 g Brot + 50–60 g Getreideflocken) (jeweils Vollkornvariante)	200–300	Brot & Brötchen (Vollkorn)	136
Rotes Fleisch Geflügelfleisch	14 29	Fleisch, Wurstwaren	43/86[4]	Fleisch, Wurstwaren	120
Fisch & Meeresfrüchte	28	Fisch & Meeresfrüchte	21–31	Fisch & Meeresfrüchte	17
Vollmilch/ Milchprodukte	250	Milch/ Milchprodukte[5]	596–728	Milch/Milchprodukte[5]	464
Eier	13	Eier	≤ 26	Eier	11

(Quellen: Renner et al. 2021; Breidenassel et al. 2022)
*Willett et al. (2019); **Oberritter et al. (2013); ***Krems et al. (2012)
bei einer Energiezufuhr von: [1] 2.500 kcal/Tag; [2] 1.600 bis 2.400 kcal/Tag; [3] von 1.968 kcal/Tag
[4] Empfehlung: 300 g Fleisch/Wurst pro Woche für Personen mit niedrigem Energiebedarf bzw. 600 g Fleisch/Wurst pro Woche für Personen mit hohem Energiebedarf
[5] ausgedrückt in Milchäquivalenten. Berechnung der Milchäquivalente aus Milchprodukten: Milch/ Milchmischgetränke: 1,0; Joghurt/Milchmischerzeugnisse: 1,4; Käse/Quark: 7,2

4.2 Klima

Die Produktion tierischer Lebensmittel ist mit besonders hohen Treibhausgas-Emissionen verbunden (Abb. 7). Diese ungünstige Klimabilanz tierischer Produkte bleibt auch erhalten, wenn man die Menge an emittiertem Methan herausrechnen würde (Parlasca & Qaim 2022).

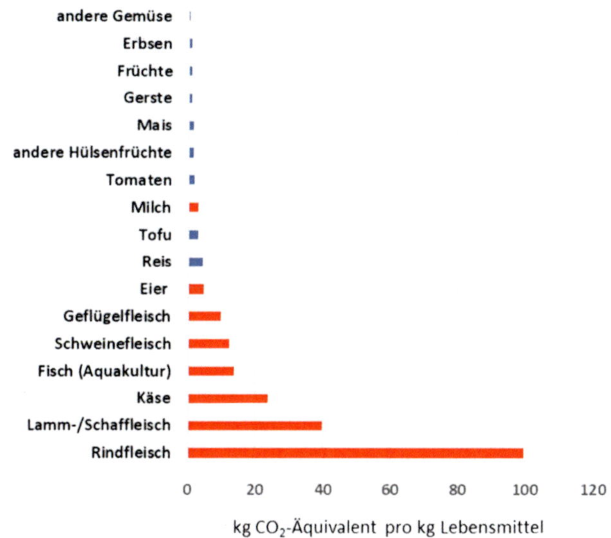

Abb. 7 Durchschnittliche Treibhausgas-Emissionen für die Produktion von verschiedenen Lebensmitteln. Lebensmittel pflanzlicher Herkunft sind blau dargestellt, Lebensmittel tierischer Herkunft sind rot dargestellt. In Anlehnung an Parlasca & Qaim (2022)

In den letzten Jahrzehnten hat der weltweite Fleischkonsum enorm zugenommen. Vor allem in Asien ist ein deutlicher Anstieg des Gesamtverbrauchs an Fleisch zu verzeichnen (Abb. 8a), der einerseits durch das starke Bevölkerungswachstum bedingt ist, aber auch durch den gestiegenden Pro-Kopf-Konsum an Fleisch (Abb. 8c) (Parlasca & Qaim 2022). Vergleicht man allerdings die absolute Pro-Kopf-Menge an verzehrtem Fleisch, so ist diese in Asien verglichen mit Nordamerika, Ozeanien und Europa immer noch deutlich niedriger (Abb. 8c). Unter den Fleischarten dominieren Schweinefleisch und Geflügel den heutigen weltweiten Verbrauch (Abb. 8b) (Parlasca & Qaim 2022). Der Konsum an Schweinefleisch ist vor allem in China und einigen anderen Ländern in Südostasien angestiegen, während der Konsum an Geflügelfleisch in allen Teilen der Welt stark zunahm (Abb. 8b). Gründe dafür sind, dass Geflügelfleisch oftmals billiger ist, häufiger als gesünder wahrgenommen wird und weniger von religiösen Einschränkungen betroffen ist als andere Fleischarten (Mottet & Tempio 2017).

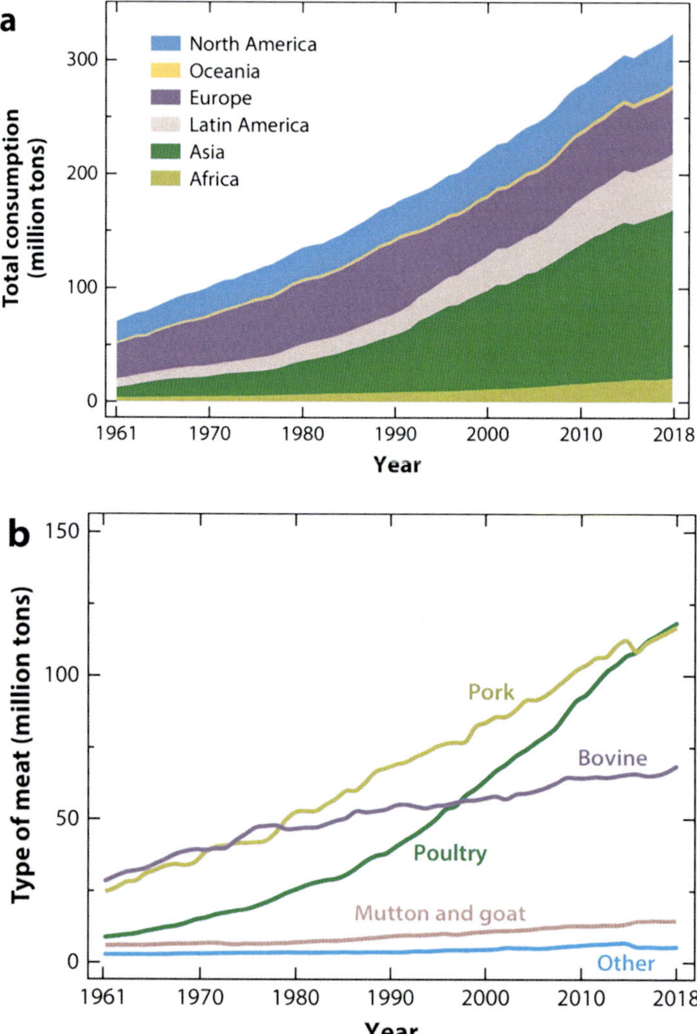

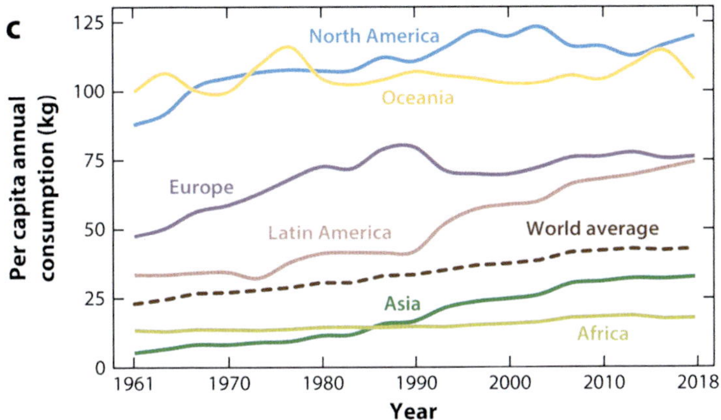

Abb. 8 Weltweiter Fleischkonsum. (a) Jährlicher Gesamtverbrauch nach Regionen, (b) jährlicher Gesamtverbrauch nach Fleischarten und (c) jährlicher Pro-Kopf-Verbrauch nach Regionen. Daten aus den FAO-Nahrungsmittelbilanzen (https://www.fao.org/faostat/en/#data/FBS) (Quelle: Parlasca & Qaim (2022))

Trotz der schlechten Klimabilanz tierischer Lebensmittel, insbesondere aus Wiederkäuern, muss darauf hingewiesen werden, dass in einigen Regionen der Anbau von Nutzpflanzen aufgrund minderwertiger Böden limitiert ist. Für die Nährstoffversorgung dieser Menschen stellt die Beweidung von Grasland durch Vieh und die Gewinnung von Milch, Milchprodukten und Fleisch oftmals eine nahezu alternativlose Quelle für deren Nährstoffversorgung dar. Darüber hinaus zeigten Untersuchungen von mehr als 130.000 Kindern im Alter von 6 bis 23 Monaten aus 49 Ländern, dass der Konsum von tierischen Produkten mit einem geringen Risiko kindlicher Wachstumsverzögerungen (*Child Stunting*) einherging und vor allem Kombinationen verschiedener tierischer Lebensmittel wie Milchprodukte, Fleisch / Fisch und Eier vorteilhaft waren (Headey et al. 2018).

Auf der anderen Seite muss vermieden werden, dass neue Weideflächen gezielt durch Entwaldung geschaffen werden. Neben einer Änderung der Ernährungsweise ermöglicht auch eine nachhaltigere Intensivierung im Bereich der Nutztierhaltung Einsparungen des klimaschädlichen Methans. Mit dem Einsatz von leistungsfähigeren Milchviehrassen würde sich beispielsweise die Treibhausgas-Emission pro Liter Milch deutlich senken lassen.

4.3 Lebensmittelverschwendung

Ein weiterer Faktor, der unsere derzeitige Ernährung wenig nachhaltig macht, ist die Lebensmittelverschwendung. Nach Angaben der Vereinten Nationen wurden im Jahr 2019 weltweit 931 Millionen Tonnen Lebensmittel verschwendet, was etwa 17 Prozent aller Lebensmittel, die den Verbrauchern in diesem Jahr zur Verfügung standen, entspricht (United Nations Environment Programme 2021). Fast 570 Millionen Tonnen dieser Abfälle fielen in den Haushalten an. Im *UNEP Food Wast Index Report* von 2021 werden verschwendete Lebensmittel für acht bis zehn Prozent der weltweiten Treibhausgas-Emissionen verantwortlich gemacht (United Nations Environment Programme 2021). Der Bericht zeigt auch, dass der weltweite Durchschnitt verschwendeter Lebensmittel von 74 kg pro Kopf und Jahr zwischen Ländern unterschiedlichen Einkommens bemerkenswert ähnlich ist. Entgegen früherer Darstellungen, nach welchen die Verschwendung von Lebensmitteln hauptsächlich in den Industrieländern stattfindet, während sich die Lebensmittelverluste in den Entwicklungsländern eher auf Probleme bei der Produktion, Lagerung und dem Transport zurückzuführen sind, hat der *Food Waste Index Report* von 2021 gezeigt, dass die Lebensmittelabfälle pro Kopf der Bevölkerung in den Ländern mit hohem, oberem mittlerem sowie unterem mittlerem Einkommen vergleichbar waren (United Nations Environment Programme 2021). Allein in Deutschland landen jährlich etwa 11 Millionen Tonnen Lebensmittel im Müll; davon stammen knapp 60 Prozent aus den privaten Haushalten und 17 Prozent aus der Außer-Haus-Verpflegung; weitere Verluste entstehen bei der industriellen Lebensmittelverarbeitung (15 %), im Handel (7 %) und bei der Primärproduktion (2 %) (Bundesministerium für Ernährung und Landwirtschaft 2022). Im Feburar 2019 hat daher das Bundeskabinett die Nationale Strategie zur Reduzierung der Lebensmittelverschwendung verabschiedet mit dem Ziel, die Lebensmittelverschwendung in Deutschland bis zum Jahr 2030 zu halbieren.

5 Lösungen und Ausblick

Das globale Ernährungssystem muss transformiert werden, um seine Auswirkungen auf die menschliche Gesundheit und die Umweltstabilität zu verringern und die aktuellen Trends umzukehren. Hierbei sollte anerkannt werden, dass es einen untrennbaren Zusammenhang zwischen menschlicher Gesundheit und ökologischer Nachhaltigkeit gibt. Zur Überwindung sozial-ökologischer Krisen wie Klimawandel und Massensterben sind relativ große Veränderungen im Ernährungssystem erforderlich. Allerdings gehen die Meinungen auseinander, wie nachhaltige Ernährungspraktiken erreicht werden können und von wem diese

Bemühungen kommen sollen. Diese Transformation wird jedoch nicht erreicht werden können, ohne dass die Menschen ihre Sichtweise und ihren Umgang mit Lebensmittelsystemen ändern. Einer der kritischen Bereiche für die Transformation des Lebensmittelsystems betrifft die Verhaltensänderungen. Individuen dazu anzuhalten, ihre Ernährung zu ändern, ist sicherlich ein wichtiger Baustein in der Lösung dieser Probleme, überschätzt vermutlich aber auch die Bereitschaft und Fähigkeit des Verbrauchers, die notwendigen strukturellen Veränderungen im Ernährungssystem durch eine Änderung des Einkaufsverhaltens herbeizuführen. Die weltweite Halbierung des Verzehrs von rotem Fleisch würde nämlich bedeuten, dass beispielsweise die nordamerikanische Bevölkerung nur noch etwa ein Siebtel der heute üblichen Menge verzehren darf. Hier stellt sich die Frage, ob Menschen ihre Ernährungsgewohnheiten so radikal verändern können, dass sie den Vorgaben der *Planetary Health Diet* entsprechen. Ohne eine Umgestaltung der Ernährungsumwelt wird eine Veränderung des Konsums nur ansatzweise möglich sein. Ein weiteres Hindernis für den Übergang zu ökologisch nachhaltigeren Lebensmittelsystemen sind mangelnde Informationen über die Umweltauswirkungen einzelner, vor allem verarbeiteter Lebensmittel. Anreize für Individuen, sich nachhaltiger zu ernähren, könnten darin bestehen, den ökologischen Fußabdruck der Lebensmittel transparent zu machen. Allerdings ist es derzeit äußerst herausfordernd, Umweltbewertungen von prozessierten Lebensmitteln, die aus mehreren Zutaten bestehen, vorzunehmen. Dafür braucht es auch verlässliche Daten zum ökologischen Fussabdruck von Lebensmitteln. Einen ersten Ansatz bieten Umweltdatenbanken wie Hestia (www.hestia.earth) oder Blue Food (www.bluefood.earth), die es erlauben, Lebensmittel hinsichtlich der Treibhausgas-Emissionen, der Landnutzung, des Wasserverbrauchs und Eutrophierungspotenzials einzustufen (Poore & Nemecek 2018; Gephart et al. 2021).

Darüber hinaus sind Maßnahmen von wissenschaftlichen, unternehmerischen und politischen Akteuren erforderlich. Diese umfassen die Erschließung neuer nachhaltiger Rohstoffquellen für Lebensmittel (Mikroalgen, landwirtschaftliche Koppelprodukte), die Entwicklung von ressourcenschonenden lebensmitteltechnologischen Prozessen, welche die Haltbarkeit von Lebensmitteln erhöhen, bis hin zur Gestaltung einer nachhaltigeren Preispolitik. Die Länder könnten aber auch Innovationen nutzen, um die Verschwendung von Lebensmitteln zu reduzieren, wie z. B. Verpackungen, in denen die Lebensmittel länger haltbar bleiben oder durch Apps, welche die Verbraucher näher an die Erzeuger bringen und die Zeit zwischen Ernte und Teller verkürzen. Mit einer Laissez-faire Politik wird diese Transformation allerdings vermutlich nicht gelingen.

Literatur

Bork, H. R., Mieth, A., Tschochner, B. (2004) Nothing But Stones? A Review of the Extent and Technical Efforts of Prehistoric Stone Mulching on Rapa Nui. Rapa Nui Journal 18, 10–14

Breidenassel, C., Schäfer, A. C., Micka, M., Richter, M., Linseisen, J., Watzl, B. for the German Nutrition Society (DGE) (2022) The Planetary Health Diet in contrast to the food-based dietary guidelines of the German Nutrition Society. A DGE statement. ErnährungsUmschau International 69, 56–72

Bundesministerium für Ernährung und Landwirtschaft (2022) Lebensmittelabfälle in Deutschland: Aktuelle Zahlen zur Höhe der Lebensmittelabfälle nach Sektoren. (Online source: https://www.bmel.de/DE/themen/ernaehrung/lebensmittelverschwendung/studie-lebensmittelabfaelle-deutschland.html)

Bundeszentrum für Ernährung (2022) Treibhausgasemissionen in Deutschland. Die Rolle der Landwirtschaft. Ernährung im Fokus 03, 136

FAO (Food and Agriculture Organization of the United Nations) (2010) Biodiversity and sustainable diets. United against hunger. International scientific symposium, Rome, 3–5 November 2010 (Online source: https://www.fao.org/ag/humannutrition/29186-021e012ff2db1b0eb6f6228e1d98c806a.pdf)

FAO (Food and Agriculature Organization of the United Nations) (2020) The share of agriculture in total greenhouse gas emissions. Global, regional and country trends 1990–2017. FAOSTAT Analytical Brief Series No 1. Rome (Online source: https://www.fao.org/3/ca8389en/CA8389EN.pdf)

Diamond, J. (2007) Easter Island revisited. Science 317, 1692–1694

Diamond, J. Kollaps – Warum Gesellschaften überleben oder untergehen. Fischer Taschenbuch Verlag, Frankfurt am Main (2011)

The EAT-Lancet Commission on Health Diets From Sustainable Food Systems (2019) Summary Report of the EAT-Lancet Commission (Online source: https://eatlancet.org/eat-lancet-commission/eat-lancet-commission-summary-report)

GBD 2017 Diet Collaborators (2019) Health effects of dietary risks in 195 countries, 1990–2017: a systematic analysis for the Global Burden of Disease Study 2017. Lancet 393, 1958–1972

Gephart, J. A., Henriksson, P. J. G., Parker, R. W. R., Sheponm, A., Gorospe, K. D., Bergman, K., Eshel, G., Golden, C. D., Halpern, B. S., Hornborg, S., Jonell, M., Metian, M., Mifflin, K., Newton, R., Tyedmers, P., Zhang, W., Ziegler, F., Troell, M. (2021) Environmental performance of blue foods. Nature 597, 360–365

2021 Global Nutrition Report: The state of global nutrition. Bristol, UK (2021): Development Initiatives

Headey, D., Hirvonen, K., Hoddinott. J. (2018) Animal Sourced Foods and Child Stunting. American Journal of Agriculatural Economics 100, 1302–1319

Heseker, H. Die Entwicklung und Verbreitung von Übergewicht (Präadipositas und Adipositas) in Deutschland. In: *Deutsche Gesellschaft für Ernährung* (Hrsg.): 14. DGE-Ernährungsbericht. Bonn (2020)

Hunt, T. L., Lipo, C. P. (2006) Late colonization of Easter Island. Science 311, 1603–1606

Krems, C., Walter, C., Heuer, T., Hoffmann, I. Lebensmittelverzehr und Nährstoffzufuhr – Ergebnisse der Nationalen Verzehrsstudie II. In: Deutsche Gesellschaft für Ernährung e. V. (DGE) (Hrsg.): 12. Ernährungsbericht. Bonn (2012), 40–85

Martinsson-Wallin, H., Crockford, S. J. (2001) Early Settlement of Rapa Nui (Easter Island). Asian Perspectives 40, 244–278

Meier, T., Gräfe, K., Senn, F., Sur, P., Stangl, G. I., Dawczynski, C., März, W., Kleber, M. E., Lorkowski, S. (2019) Cardiovascular mortality attributable to dietary risk factors in 51 countries in the WHO

European Region from 1990 to 2016: a systematic analysis of the Global Burden of Disease Study. European Journal of Epidemiology 34, 37–55

Mieth, A., Bork, H. The dynamics of soil, landscape and culture on Easter island (chile). In: McNeill J.R., Winiwarter V. (Hrsg.) *Soils and Societies*. White Horse Press, Isle of Harris, UK (2006), 273–321

Mottet, A., Tempio, G. (2017) Global poultry production: current state and future outlook and challenges. World's Poultry Science Journal 73, 245–256

Oberritter, H., Schäbethal, K., von Rüsten, A., Boeing, H. (2013) The DGE Nutrition Circle – presentation and basis of the food-related recommendations from the German Nutrition Society (DGE). ErnährungsUmschau 60, 24–29

Orliac, C., Orliac, M. (2006) NOUV ARCHOL. Nouvelles de l'Archéologie 102, 29

Parlasca, M.C., Qaim, M. (2022) Meat Consumption and sustainability. Annual Review of Resource Economics 14, 17–41

Poore, J., Nemecek, T. (2018) Reducing food's environmental impacts through producers and consumers. Science 360, 987–992

Renner, B., Arens-Azevêdo, U., Watzl, B., Richter, M., Virmani, K., Linseisen, J. for the German Nutrition Society (DGE) (2021) DGE position statement on a more sustainable diet. ErnährungsUmschau 68, 144–154

Ritchie, H., Roser, M. (2019) Land Use. (Online source: https://ourwourldindata.org/land-use)

Rockström, J., Steffen, W., Noone, K., Persson, Å., Chapin, F.S. 3rd, Lambin, E.F., Lenton, T.M., Scheffer, M., Folke, C., Schellnhuber, H.J., Nykvist, B., de Wit, C.A., Hughes, T., van der Leeuw, S., Rodhe, H., Sörlin, S., Snyder, P.K., Costanza, R., Svedin, U., Falkenmark, M., Karlberg, L., Corell, R.W., Fabry, V.J., Hansen, J., Walker, B., Liverman, D., Richardson, K., Crutzen, P., Foley, J.A. (2009a) A safe operating space for humanity. Nature 461, 472–475

Rockström, J., Steffen, W., Noone, K., Persson, Å., Chapin, F.S. 3rd, Lambin, E., Lenton, T.M., Scheffer, M., Folke, C., Schellnhuber, H.J., Nykvist, B., de Wit, C.A., Hughes, T., van der Leeuw, S., Rodhe, H., Sörlin, S., Snyder, P.K., Costanza, R., Svedin, U., Falkenmark, M., Karlberg, L., Corell, R.W., Fabry, V.J., Hansen, J., Walker, B., Liverman, D., Richardson, K., Crutzen, P., Foley, J.A. (2009b). Planetary boundaries: exploring the safe operating space for humanity. Ecology and Society 14:32

Schienkiewitz, A., Brettschneider, A.K., Damerow, S., Schaffrath Rosario, A. (2018) Übergewicht und Adipositas im Kindes- und Jugendalter in Deutschland - Querschnittsstudie aus KiGGs Welle 2 und Trends. Journal of Health Monitoring 3, 15–22

Steadman, D.W., Casanova, P.V., Ferrando, C.C. (1994) Stratigraphy, chronology, and cultural context of an early faunal assemblage from Easter Island. Asian Perspectives 33, 79–96

Stevenson, C., Jackson, T., Mieth, A., Bork, H., Ladefoged, T. (2006) Prehistoric and early historic agriculture at Maunga Orito, Easter Island (Rapa Nui), Chile. Antiquity 80, 919–936

Tubiello, F.N., Rosenzweig, C., Conchedda, G., Karl, K., Gütschow, J., Xueyao, P., Obli-Laryea, G., Wanner, N., Yue Qiu, S., De Barros, J. (2021) Greenhous gas emission from food systems: building the evidence base. Environmental Research Letters 16:065007

Willett, W., Rockström, J., Loken, B., Springmann, M., Lang, T., Vermeulen, S., Garnett, T., Tilman, D., DeClerck, F., Wood, A., Jonell, M., Clark, M., Gordon, L.J., Fanzo, J., Hawkes, C., Zurayk, R., Rivera, J.A., De Vries, W., Majele Sibanda, L., Afshin, A., Chaudhary, A., Herrero, M., Agustina, R., Branca, F., Lartey, A., Fan, S., Crona, B., Fox, E., Bignet, V., Troell, M., Lindahl, T., Singh, S., Cornell, S.E., Srinath Reddy, K., Narain, S., Nishtar, S., Murray, C.J.L. (2019) Food in the Anthropocene: the EAT-Lancet Commission on healthy diets from sustainable food systems. Lancet 393, 447–492

United Nations: Report of the World Commission on Environment and Development: Our Common Future. Oslo (1987)

United Nations Environment Programme. Food Waste Index Report 2021. Nairobi 2021

WHO (World Health Organization) (2021) Obesity and overweight. (Online source: https://www.who.int/news-room/fact-sheets/detail/obesity-and-overweight)

Wozniak, J.A. (1999) Prehistoric Horticultural Practices on Easter Island: Lithic Mulched Gardens and Field Systems. Rapa Nui Journal 13, 95–99

Zhang, H., Xu, Y., Lahr, M.L. (2022) The greenhouse gas footprints of China's food production and consumption (1987–2017). Journal of Environmental Management 301:113934